四川省省级科普经费资助

农业科普系列丛书

四川省科学技术协会
四川省农村专业技术协会 组织编写

规模化养猪实用技术

GUIMOHUA YANGZHU SHIYONG JISHU

段诚中/编著

U0199104

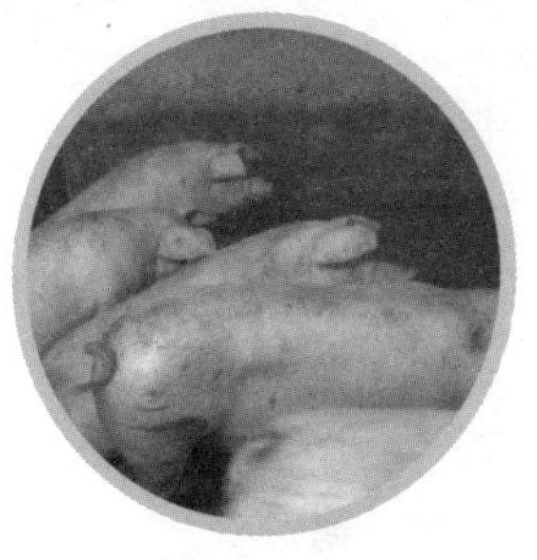

四川科学技术出版社

·成都·

图书在版编目(CIP)数据

规模化养猪实用技术/段诚中编著 . —成都:四川科学技术出版社, 2014. 5(2018. 11 重印)

(农业科普系列丛书)

ISBN 978 - 7 - 5364 - 7905 - 0

Ⅰ. ①规… Ⅱ. ①段… Ⅲ. ①养猪学 Ⅳ. ①S828

中国版本图书馆 CIP 数据核字(2014)第 112627 号

农业科普系列丛书

规模化养猪实用技术

编　　著　段诚中

出 品 人　钱丹凝
责任编辑　刘涌泉
责任校对　郑志慧
封面设计　墨创文化
责任出版　欧晓春
出版发行　四川科学技术出版社
　　　　　成都市槐树街 2 号　邮政编码 610031
　　　　　官方微博:http://e. weibo. com/sckjcbs
　　　　　官方微信公众号:sckjcbs
　　　　　传真:028 - 87734039
成品尺寸　146mm × 210mm
　　　　　印张 2. 25　字数 50 千　插页 1
印　　刷　成都一千印务有限公司
版　　次　2014 年 7 月第一版
印　　次　2018 年 11 月第四次印刷
定　　价　13. 00 元
ISBN 978 - 7 - 5364 - 7905 - 0

■ **版权所有 · 翻印必究** ■

■本书如有缺页、破损、装订错误,请寄回印刷厂调换。
■如需购本书,请与本社邮购组联系。
地址/成都市槐树街 2 号　电话/(028)87734035　邮政编码/610031

《农业科普系列丛书》编委会

主　任　吴　凯

副主任　刘　进　陈善蜀

委　员　李洪福　梅跃农　刘先让　周　异

　　　　王俊红　郑　俊　陈云飞　梁　树

前 言

加快农村科学技术的普及推广是提高农民科学素养、推进社会主义新农村建设的一项重要任务。近年来，我省农村科普工作虽然取得了一定的成效，但目前农村劳动力所具有的现代农业生产技能与生产实际的要求还不相适应。因此，培养“有文化、懂技术、会经营”的新型农民仍然是实现农业现代化，建设文明富裕新农村的一项重要的基础性工作。

为深入贯彻落实《全民科学素质行动计划纲要(2006—2010—2020年)》,切实配合农民科学素质提升行动,大力提高全省广大农民的科技文化素质,四川省科学技术协会和四川省农村专业技术协会组织编写了农业科普系列丛书。该系列丛书密切结合四川实际，紧紧围绕农村主导产业和特色产业选材，包涵现代农村种植业、养殖业等方面内容。选编内容通俗易懂，可供农业技术推广机构、各类农村实用技术培训机构、各级农村专业技术协会及广大农村从业人员阅读使用。由于时间有限，书中难免有错漏之处，欢迎广大读者在使用中批评指正。

《农业科普系列丛书》编委会

目 录

第一章　发展规模化养猪

一、国内养猪业发展动态

我国养猪历史悠久，猪的数量居世界首位。猪肉是国内13亿民众所食肉类的主要来源，约占肉类总产量的65%。在党和政府的重视下，改革开放以来，我国养猪业迅速发展，养猪业已摆脱过去家庭副业的地位，成为农村的重要支柱产业，是农民经济增收的重要途径。养猪业的发展，为确保国家肉类食品安全，繁荣农村经济，促进社会主义新农村建设作出了重要贡献。

近些年来，随着我国经济的快速发展，市场需大批量、安全、优质的猪肉产品。政府采取了有力措施，从资金、政策等方面支持规模养猪。首先，解决养猪用地问题，在猪舍建筑、品种改良、疫病防疫、环保治理、养猪保险等方面给予资金补助。其次，奖励生猪调出大县，调动农民养猪的积极性。第三，列项支持生猪标准化规模养殖场，促进规模养殖发展。这些措施的实施，促使我国养猪生产发生了根本性变化，即从千百年来传统的分散养猪方式，向现代规模化养猪方式过渡，在这一过渡阶段，农村规模化猪场发展迅速。此外，社会上众多行业，如建筑、电子、钢铁等许多公司，都转向投资养猪业；国外许多企业，看好中国是全球最大的猪肉消费市场，也大力开拓中国市场，如英国的 PIC、荷兰 Topigs、丹麦 Dan Bred、加拿大 HyPor 公司等。在上述因素的作用下，我国养猪业得到快速发展。

二、传统养猪业存在的问题

我国传统养猪多为家庭副业，养猪以积肥和解决自食为主要目的。虽然传统养猪存在一些优点，比如可利用家庭闲散劳动力，饲养上以青粗料为主，适当搭配精料，可充分利用农户的余粮、农副产物、泔水等；解决部分农用肥料；提供家庭肉食，多余的猪肉还可上市场销售，换回部分资金。但是，传统养猪也存在一些较突出的问题。

（1）由于是小农经济，资金缺乏，农户养猪的环境差，猪舍简陋，阴暗潮湿，冬季寒冷，夏季酷热，粪污处理不规范，有害气体四溢。

（2）缺乏育种技术，种猪质量差，种群太小无法选育，导致种猪的产仔数、肉猪的瘦肉率以及生长速度较低。

（3）饲养技术落后，多凭经验喂养，农村有啥喂啥，饲料供给与猪的生长发育营养需要脱节；有的还用“吊架子”方式养猪，饲养期长，单位增重耗料增加，浪费饲料、人力及圈舍资源，而且猪肉品质一致性差。

（4）消毒防疫差，缺乏相应的设施设备，易受外界传染病影响，如周围一旦发生蓝耳病、猪链球病等疫情，难以防控。

（5）商品意识差，信息不灵，抵御市场风险能力弱。

总的说来，传统的分散小生产养殖，已不适应现代对猪肉大批量、安全、优质、高效的市场需求。此外，农民大量外出打工等社会因素导致以前农村拥有大量剩余劳动力和丰富的青绿饲料等传统优势逐渐丧失，而传统养殖生猪的生产水平低，饲养期长，单位增重耗料增加等弊端日显突出，导致传统分散养殖竞争力下降，逐渐走向衰弱。

三、规模化养猪的好处

猪是经济性动物，农民要致富，养猪是重要途径，但首先要改变观念，走出自给自足的圈子。养猪业要面向市场，按照市场的需求生产优质产品，获取更好的效益，必须走规模化养殖之路，集合资金、技术、管理、信息等资源优势，提高竞争力。发展规模化养猪有以下好处：

（1）科学、合理地建设集约化及标准化的规模化养猪场，可节省土地占用面积，提高单位基本建设面积的猪出栏量；设施设备的完善还可节省人力，有利于疫病防控，减少损失。

（2）有利于应用新的实用科技成果与技术，比如应用优良品种、优质配合饲料，开展人工授精等。

（3）采用自动供料、自动控温（包括冬季升温、夏季降温）、自动通风等设备，有利于提高生产效率，降低养殖成本，提高经济收入。

（4）与集约化生产配套的粪污处理设施，有利于变废为宝，将干粪制肥，尿污经厌氧菌处理产生沼气后，再经好氧菌、湿地处理，可农灌利用，农牧结合，有利于环境保护。

四、规模化猪场的分类

规模化猪场可分为种猪场、商品肉猪场、自繁自养猪场、公猪场（站）等几个主要类型。

1. 种猪场

国内种猪场一般可分为原种猪场与扩繁场两类，各类的繁殖生产目的有所区别。

（1）原种猪场，有的又叫核心场，场内主要饲养纯种种猪，如长白猪、约克夏猪、杜洛克猪、皮特兰猪等。场内要开展选育工作，不断提高各品种猪的质量，以向外界提供纯种猪源为主。有的猪场生产部分二元杂交母猪，也提供部分肉猪苗。

若饲养配套系种猪，此场为祖代核心场，生产的种猪苗为下游环节的父母代场提供种源。

（2）扩繁种猪场，有的又叫父母代场，场内主要拥有父代、母代种猪。若是三元杂交，一般父代是纯种，母代是二元杂交猪，例如杜洛克（父代）配长白×约克夏（二元杂交母猪），产生杜长约三元杂种肉猪苗。亦有父代是二元杂种的，若与二元杂种母猪交配，将生产四元杂交肉猪苗供育肥，如（皮特兰×杜洛克）二元杂交公猪与（长白×约克夏）二元杂交母猪杂交，产生皮杜×长约四元杂种肉猪苗。

原种猪场与扩繁场的建设与生产，需经相关部门批准。种猪场对场周边环境要求较高，包括防疫、空气、水源、交通、通信等条件；固定资产投入较大，包括猪舍建设、种猪购入、配套的设施设备以及仪器的投入等；要求技术条件较高，须掌握种猪的发情、配种、妊娠分娩、仔猪哺育、仔猪保育及选育等基本技术；养殖成本较高，母猪淘汰率每年达25%～30%；饲养的后备猪群较大。但种猪的价值高，管理得好，利润回报也相当丰厚。

2. 商品肉猪场

该场是指以生产经营肉猪为目的的专业场，从外界购入肉猪苗饲养，育肥后出售。其圈舍建设要求条件较单一，资金投入相对较少，技术要求较简单，重点是要有较稳定的优良肉用仔猪来源，最好是在固定的扩繁场购买，切忌在农贸市场上杂乱选购肉用仔猪；猪场的饲料质量应有保障，以降低单位增重饲料的消耗及饲料费用；此外，应特别注重疫病的防控。商品肉猪的效益还取决于规模与管理，同样条件，规模越大，管理越科学合理，效益越高。

3. 自繁自养猪场

该场养有繁殖生产肉用仔猪的公猪、母猪，所生产的仔猪全部用于育肥，自己解决仔猪来源，以生产商品肉猪为主。其优点是猪场不受仔猪市场价格波动影响，猪源的健康有保障，可全程实施标准化饲养，产品质量好，规格整齐。自繁自养专业场固定资产投入较大，对人员素质、生产技术与管理要求较高，面对市场，还应讲究生产经营策略，才能获取较高的利润回报。

4. 公猪专业场（站）

公猪专业场通常称为种公猪站，专门饲养公猪，对外配种或出售精液。因公猪的好坏影响面大，公猪站的建立与营运需获得有关部门的批准。公猪站的建设规模不大，但要求较高，公猪只有在最适合的温度、湿度、通风环境条件及精细的饲养管理条件下才能发挥最佳的生产潜力，产生优质精液供配种。公猪站的公猪应是从国家重点育种场，经严格测定、选育而来，站内均设有人工采精、检测、稀释、包装、保存等全套人工授精设备器材以及经严格培训的技术人员。公猪站经营得好，收益亦颇高。

五、不同类型猪场的选择

业主选择不同类型的猪场及饲养规模，应根据自己的资金、技术实力、管理经验等因素综合确定。首先，要从市场经济的角度，分析该区域市场的需求以及销售渠道，确定投资办什么类型的猪场，以获取最佳经济效益。例如，当地是肉猪集中饲养区，肉用仔猪需求量大，可考虑建扩繁场，专门生产优质肉猪苗供育肥场使用。规模大小要根据资金实力确定，也可分期分批逐步投入。办场一定要纳入当地畜牧业发展规划，并注意拟建场址的生态环境条件，确保所办的猪场不受周围环境不利因素的影响，还要避免猪场污染周围环境。

第二章　种猪的选择和选配

一、品种组合（品系）的选择

俗话说“良种良法，良种先行”，无论是何种类型的猪场，都希望选择饲养最好的品种和品种组合，都希望饲养的种猪都是优秀的。

长白猪

首先，猪场应考虑选择养什么品种、品种组合或什么品系猪的问题。四川的川猪资源十分丰富，本地优良品种有内江、荣昌、成华、雅南、盆周山地、凉山猪和藏猪等。地方品种共同的优点是适应性强、肉质好、母性好，缺点是生长（增重）较慢、脂肪多、饲料利用率较低。在四川引入的国外良种猪有长白猪（L）、约克夏猪（Y）、杜洛克猪（D）、皮特

约克夏猪

兰猪（P）等品种，外种猪共同的优点是生长快、饲料利用率高、瘦肉率高等，其缺点是适应性较差，对饲料及环境条件要求较高，母猪发情不如地方品种明显，猪肉品质较差等。

国内经过多年研究与实践，一般规模化猪场多采用“洋三元”杂交组合模式，即用长白（L）与约克夏（Y）杂交产生二元杂种母猪（LY或YL），然后用杜洛克（D）猪作终端父本，产生三元杂种肉猪（DLY或DYL）育肥。生产实践证明，此洋三元组合肉猪杂种优势突出，具备生命力强、生产快、饲料报酬高、瘦肉率高的优点，很受市场欢迎。

杜洛克猪

由国外大型种猪公司在中国设种猪场，并推广使用，且具独立知识产权的配套系种猪，如PIC、托佩克、海波尔等，这些配套系猪是专业种猪公司多年研究的成果，在较好的、稳定的饲养管理条件下，可获得很佳的生产效率。其缺点是因知识产权保护，种猪

地方品种

购买受到约束，如父母代猪场的种源，必须购买该公司祖代场的猪，否则效果会下降。这些配套系猪在国内养猪界占有部分市场。

由于市场需要肉质好、品质高的猪肉，一些猪场应用国内研究成果，采用国内优良地方品种与外种猪杂交，筛选出最优杂交组合，生产优质猪肉，优质优价，满足中、高端客户的需求，例如我国的北京黑猪、川藏黑猪等。

不同品种之间杂交的目的是为了充分利用杂种优势，获取最佳的效果，是希望把杂交双方的优点集中反映在杂种后代身上，而把杂交双方的缺点不遗传或少遗传给后代。所以，不是任意用两个品种杂交就能获得理想的效果。要想获得良好的杂交组合首先应充分了解所选择的杂交父本、母本各品种的生产性能，包括各生产性状的优点，应用遗传学的基本原理，设计若干杂交组合试验，经过筛选、重复性试验，获得最佳组合，再经过中间试验、生产扩大试验，取得肯定性的、稳定的优良效果，最后还要经有关部门批准，才能在生产上大面积应用。在不同的地区，由于市场需求和当地农业条件以及生态条件不同，所推广应用的杂交组合存在差异，不能道听途说，盲目引种杂交，而应遵循科学规律办事。此外，不是参与杂交的品种越多，效果就一定好。参与杂交的品种越多，受遗传因素的影响就越复杂，遗传稳定性也相对变弱。因此，需要科研与生产紧密结合，生产上应有专业分工，包括祖代场、父母代场、商品场，构成优良杂交猪制种及生产体系。国内现阶段多由专业的种猪公司提供种源，与肉猪生产场结合规模化生产。

二、种猪的选择

1. 种猪选择的基本要求

品种组合确定后，要注意种猪群体及个体的选择。种猪选择的基本要求如下：

（1）到正规的、经审批有资质的育种场选购种猪。

（2）查阅系谱档案资料，因为猪的优良性状，可遗传给后代，一般要查看该种猪父代、母代；祖父代、祖母代的繁殖及生产资料。

（3）有种猪测定记录的，应选择综合指数高的个体。

（4）群体选择。当一群猪驱赶出备选时，首先应仔细观察该群体猪的体况，生长发育是否正常，被毛是否光亮，有无亚健康症状，如眼睛发红、被毛零乱、肛门及周围有粪附着物等。特别要注意这些猪的体型外貌是否具备该品种的特征，例如，长白猪毛色应全白，体型较长，耳型向前倾斜；而约克夏猪毛色也是全白的，但耳型是直立向上的。种猪不能过肥或过瘦，应具备种用体况（八成膘）。若发现该群体发育不良，呈亚健康状况，或不具备该品种特征，则应拒绝选择。

2. 公猪的个体选择

（1）体形外貌：最基本要求是符合该品种特征，并要求公猪的个体雄性特征明显；身体结实匀称，四肢粗壮坚实；睾丸发育良好，左右对称。

成年公猪体尺：长白猪体长 170 ~ 180 厘米，体高 85 ~ 95 厘米；约克夏猪体长 160 ~ 170 厘米，体高 85 ~ 95 厘米；

杜洛克猪体长140~150厘米，体高85~95厘米。因引入产地、血缘不同，种猪体尺均数有一定差异，可以在该场种猪体尺均数基础上，择优选择。

（2）繁殖性能：种公猪性欲强。若能采精，射精量200毫升、精子活力0.8级以上为合格。这种合格的公猪配种的受胎率高，所配母猪平均产仔数多，仔猪存活数高。

（3）遗传缺陷：公猪与配母猪所产生的后代，发生遗传缺陷疾患（如锁肛、疝气等）的情况，其数量超过5头猪的拒选。

（4）疾病：拒选患过细小病毒、乙脑、伪狂犬等疾病的个体。

3. 母猪的个体选择

（1）体型外貌：符合品种特征，体质结实，体躯较长、宽，背腰平直，腹部不下垂，臀部丰满；乳头7对以上，在腹底部分布均匀，无瞎乳头、畸形乳头；四肢健壮、直立，蹄质坚实。

成年母猪体尺：长白猪体长140~160厘米，体高75~85厘米；约克夏猪体长140~150厘米，体高75~85厘米；杜洛克猪体长130~150厘米，体高75~85厘米。

（2）繁殖性能：窝产活仔数，长白、约克夏猪10~12头，杜洛克猪9~11头。

（3）遗传缺陷：所生仔猪中，患有锁缸、疝气、畸形等遗传缺陷的个体拒选。

（4）疾病：拒选患过细小病毒、乙脑、伪狂犬等繁殖障碍疾病，以及患乳房炎、子宫炎、阴道炎、蹄病等久治不愈的母猪。

三、种猪的配种计划

猪场的种猪选配，应建立配种计划，事先确定好拟配公猪、母猪个体。为防止届时公猪配种过度或精液不足，应有预案，即预选另一头公猪作为后备。拟定配种计划应考虑以下原则：

（1）错开血缘，防止近亲。除查阅公猪、母猪个体的血缘外，还要查其父代、母代及祖父代、祖母代的血缘。

（2）建立高产群。以优秀的公猪配优秀级别的母猪，产生优秀的后代，组建高生产性能群体。

（3）改良一般生产群。以优秀公猪配良好级别、合格级别的母猪，提高后代生产性能。

（4）不合格和患过繁殖障碍疾病的种猪应淘汰，不纳入选配计划。

制订种猪配种计划，应与选育工作紧密结合，猪场应贯彻多留精选、加大淘汰率的原则，不断提高整个群体的生产性能。对不符合种用的个体要严加淘汰，如连续三胎共产活仔少于24头，或连续三个情期配种不妊娠，或发育不良，或所产后代具遗传缺陷的母猪，应果断淘汰。

四、配种技术

母猪的适时配种涉及母猪的多胎高产，提高繁殖性能，因此十分重要。

（1）初配月龄及体重：后备母猪的初配月龄及体重因品种不同略有差异，一般本地品种6～8月龄、体重60～80千克，国外引入的品种及二元杂种母猪8～10月龄，体重

90～100千克配种较好。

（2）掌握母猪发情特征，做到适时配种：母猪发情特征表现为阴户肿胀、潮红，阴道流出黏液，频繁排尿，食欲减退；行为表现烦躁，起卧不安，常有呜叫，啃门拱地，或爬跨其他母猪，或接受其他母猪爬跨。值得特别注意的是，母猪发情时并非以上症状全部都十分明显；有的症状，比如减食或阴户肿胀，在一些母猪发情时常常不太明显。

当母猪阴户充血成暗红色，黏液由稀变浓，戴薄膜手套用手指捻黏液呈拉丝状，人为按压母猪背腰部，猪呆立不动（又叫止动反射），这时是最佳配种时机。

（3）配种次数：母猪一个情期最好配种两次，间隔时间8～12小时。

（4）妊娠诊断：母猪发情周期平均为21 天左右，配种21 天后母猪未再次发情，表现安静，贪睡，食量逐步增加，腹围逐步增大，可确定怀孕了。若能应用妊娠诊断仪测定，则更为准确。

五、推广猪的人工授精

实践证明，现代养猪中猪的人工授精技术已十分成熟，并广泛应用于猪的育种和生产。应用猪的人工授精技术可减少公猪的饲养量，降低生产成本。一般自然交配（本交），公母猪比例为1∶20，

取冻精

人工授精可达1∶50以上。更重要的是，人工授精可最大限度利用公猪的优良基因，从而迅速提高猪群的整体品质；精液在液氮条件下可长期保存，便于长途运输，从而延长和扩大公猪利用价值。同时，采用人工授精配种，因操作全过程经严格消毒，公、母猪肢体不接触，可防止疾病的传染。特别是当成年公猪的体型大，初配母猪体型小时，人工授精配种可妥善解决因公母猪体型差异带来的本交难题。

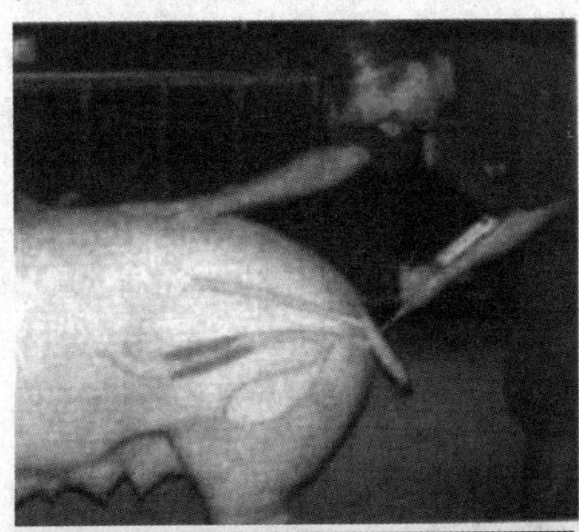

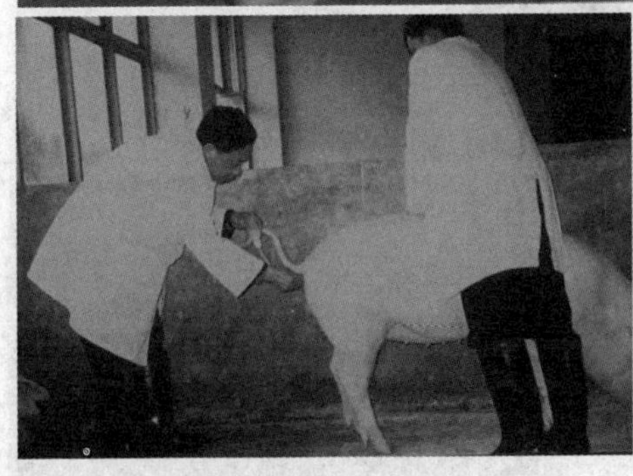

猪的人工授精

据调查，农村各地曾建过不少人工授精站，有的搞得好，深受养猪户欢迎；有的搞得不好，农户反映配怀率低，翻窝现象比较多，值得重视。翻窝率高一般应从两个方面检查原因，一方面应培训饲养母猪人员熟练掌握母猪发情规律，仔细观察母猪发情症状，一旦进入发情期，应适时输精配种。另一方面是提高人工授精站从采精、稀释、检验、保存、运输、输精各环节的整体技术水平和责任心，确保猪精液品质的优良及适时配种，提高配怀率。

猪的人工授精站应配备完善的操作室，仪器、设备与器械应齐备；应加强站内公猪的饲养管理，定期检查体况，保证精液品质优良。站内技术人员必须经过系统的培训，有严谨的科学态度，严格按照人工授精技术操作规程作业。合格的稀释精液一次输精量 50 ~ 100 毫升，精子数 20 亿~30 亿个，精子活力大于 0.5 级。在农村，精液的运送，必须放在专用的保温箱内，运输途中防止剧烈振动。

输精时，饲养人员应与配种技术人员合作，先用消毒液清洗母猪阴部，术前再消毒阴户；然后在输精管涂上少许专用润滑液，将输精管插入阴户，向斜上方慢慢旋转，直至子宫颈不能前进为止，再将输精管略退后有所松动，缓缓注入精液，一般需要 3 ~ 5 分钟；输完后按压母猪腰荐结合部，防止精液倒流。

第三章　妊娠与产仔母猪的饲养管理

一、妊娠母猪的饲养管理

母猪的妊娠期平均为114天。规模化猪场一般采取怀孕后前84天供给低水平饲料量，后30天提高饲料量的饲养方法。这是因为怀孕前期胎儿发育个体小，需要营养物质少，而过高的营养水平会导致母猪体况过肥。怀孕后期胎儿生长发育迅速，饲料供给应大幅度增加。若采用全价配合饲料喂养，前84天每日喂量为2.0～2.5千克，后30天每日的喂量可提高到2.8～3.2千克。在生产实际中要注意个体差异，体况较差的个体可适当多投些饲料。冬季寒冷，舍内温度偏低，则可在定额基准上提高10%～20%；夏季可降低10%。总之，保持母猪不肥也不大瘦，即“八成膘”的体况。母猪妊娠阶段因为是限食，为使猪有饱感，此期间可投放一些体积较大的青、粗饲料，一方面满足猪饱感的生理需求，另一方面可降低饲养成本。这里应特别提出，供给妊娠母猪的饲料一定要注意质量，切忌喂腐败

母猪妊娠诊断

变质、发霉的饲料，否则易导致胚胎的死亡和流产。

在管理上应保持妊娠母猪舍的环境安静，严禁鞭打、追赶母猪，尽量让母猪休息好；条件许可的情况下，让母猪有适当的运动；夏季做好防暑、冬季做好猪舍保温工作。

二、产仔及哺乳期母猪的饲养管理

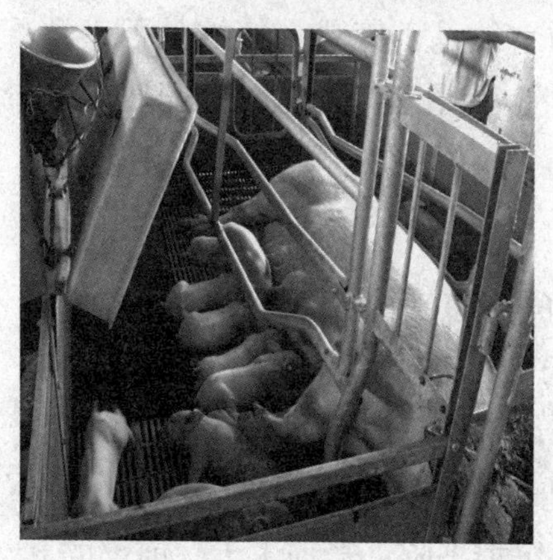
母猪哺乳

母猪在临产前一周，应适当减少喂量，配合饲料可降至每日 1.5 千克，其余定额日粮可用小麦麸代替，以利通便。产仔当天 10 ~ 12 小时内不要饲喂，只给予充足饮水，冬季可供给温水。如果母猪有明显的食感，可给 0.5 千克饲料。产后第一天可给 1.0 ~ 1.5 千克饲料，以后每日逐渐增加，5 ~ 7 天后可让其任食。如果该头母猪产仔数少，可适当限料，此期间切不可让产仔少的母猪吃得太多，以免发生乳热症、乳房水肿或者小猪腹泻。母猪泌乳过多，而仔猪消化乳汁量有限，从而导致仔猪消化不良，也是引起仔猪黄白痢的重要原因之一。

哺乳母猪应给予优质的平衡饲料以确保产乳，日喂量应在 4 ~ 6 千克，如猪场母猪平均产仔 10 头，在此基础上每多产 1 头活仔，可给母猪加喂饲料 0.5 千克。饲料不宜随便更换，饲料质量一定要好，并注意保证供应清洁饮水。

哺乳母猪的管理应当特别精细，产前应对母猪乳头进行清洗、消毒，哺乳期应保持乳头的清洁卫生。猪舍温度最好能控制在20℃左右；母猪哺乳时必须保持环境安静，噪音对母、仔猪都会带来不利影响；母猪舍应保持清洁干燥，切忌在高床漏缝地板上，用水对猪体、漏缝地板一起冲洗；每天注意观察母猪的食欲是否旺盛，精神是否正常，体况是否过瘦，有无乳房炎、无乳症、便秘等情况，发现问题应即时处理。

三、母猪的分娩

母猪分娩前应充分做好准备工作，包括母猪及猪舍的清洁消毒、猪舍的保温、药械的准备等。应注意观察，准确判断母猪产仔时间，确保母猪产仔时有人员在场。产前1周，母猪腹部膨大下垂，乳头红肿，颜色红亮；产前3~5天，阴部红亮，肌肉松弛，尾根下陷；产前1天，前部的乳头可挤出乳汁，当最后位置的乳头能挤出乳汁时，约6小时后可分娩。产前6~12小时，母猪食欲下降或不采食，行为不安；产前3~5小时，母猪兴奋不安，频频排尿，但尿量少，时起时卧，喘气声较大，阴户排出黏液。临产前，首先应做好猪体的消毒，先清洗母猪的腹下乳房部位和阴户，然后用0.1%高锰酸钾溶液消毒，以保证分娩及哺乳卫生。

正常情况下，母猪每5~25分钟产出一个胎儿，产程2~4小时。当全部胎儿产出后10~60分钟，胎盘脱出，分娩才告结束。胎衣排出后，应立即清理出圈，切忌让母猪吃掉胎衣，并将圈栏打扫干净。然后，辅助仔猪及时吮吸初乳。

母猪分娩时，采取人工助产可以更好地保证母猪顺产和减少仔猪死亡。具体做法是：当仔猪身体从母猪阴户刚露出时，用手轻轻握住仔猪，随着母猪阵缩的力量向外牵引取出仔猪。

母猪有时会有难产发生，当母猪的预产期已到，并不断出现努责，但不能顺利产出胎儿时，母猪表现出烦躁不安，时起时卧，痛苦呻吟；有的母猪虽能顺利产出一部分胎儿，但由于娩出力减弱，而不能继续产出胎儿，均称为难产。难产原因大致可分为娩出力弱、产道狭窄及胎儿异常三类。此时，应请有经验的兽医针对情况正确地实施助产。一般助产要求术者剪去并打磨光指甲，经彻底消毒手臂，并向产道注入经消毒的润滑剂，将手握成锥形，缓慢伸入产道，抓住胎儿头部或两前肢，顺母猪努责将胎儿慢慢拉出。如果母猪子宫颈已张开，胎儿及产道均无异常时，可应用催产剂，皮下注射缩宫素药物催产。当胎儿异常或母猪产道狭窄无法拉出胎儿，药物催产又无效时，可行剖腹产手术。

第四章 哺乳仔猪的饲养管理

哺乳仔猪阶段是猪一生中生命力最弱的时期，其生理特点是消化器官不发达，消化腺体机能不完善，消化力弱，而此期间仔猪相对生长发育快，代谢旺盛；缺乏免疫抗体，抗病力弱；体温调节机能不完善，对温度极为敏感。所以，此阶段只有做到科学饲养，精心培育，才能获得良好的成活率和断奶重。因此，应注意有关的技术关键。

一、正确接生

仔猪从母体一产出，就应用干净的毛巾或纱布擦净其口、鼻和身体上的黏液，接着把脐带内的血液向腹部挤压，然后在离腹部4～5厘米处，将脐带剪断，即时用碘酒消毒创面。

二、喂好初乳

初乳是母猪产后3～5天内分泌的乳汁，其中含有大量的免疫球蛋白、各种氨基酸、白细胞、维生素、溶菌素等，可以帮助仔猪抵抗多种疾病，促进生长。由于仔猪的生理特点是在出生后12小时内可直接吸收大分子的免疫球蛋白，特别是在出生2小时内吸收作用最强，而后吸收逐渐变弱，所以，喂初乳最晚不能超过2小时，而且应保证让每头仔猪都能吃到初乳。

三、固定奶头吮乳

在仔猪生后三天内，应当辅助仔猪吮乳，特别是弱小的仔猪，让弱小仔猪固定在母体胸前两对奶头吮乳，因为越靠母体胸部前端的奶头泌乳量越大，这样可以使整窝猪长得比较均匀。

四、寄养

如果窝产仔数太多，或哺乳母猪生病等原因不能哺乳，则应考虑寄养。寄养时应注意：

（1）寄养与被寄养两窝猪之间的产期相距不宜超过3天，否则不易寄养成功。

（2）选择泌乳性能高、性情温和的母猪做寄母。

（3）寄养一般应在夜间将被寄养仔猪混入仔猪群，并用气味大的药液（如来苏尔、酒精等）撒在仔猪身上，然后将混群的仔猪与母猪分开一定时间，再一起放入母猪栏哺乳。此时应留人观察，以防母猪咬被寄养的仔猪。寄养的仔猪应选择身体强壮的个体，弱猪留在亲生母猪

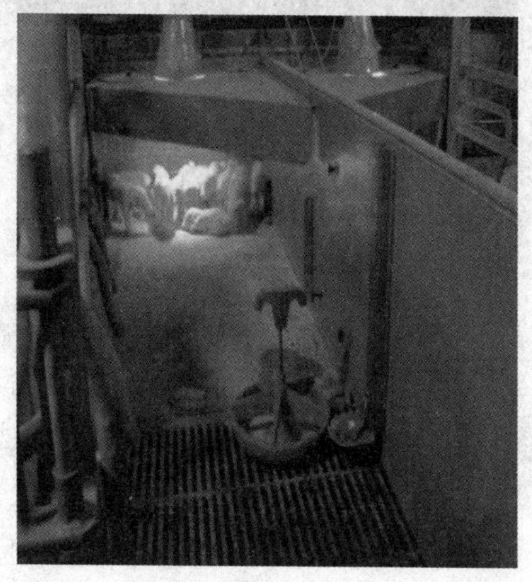

仔猪保温

身边饲养。

五、保温防寒

初生仔猪自我体温调节能力很差，初生后24小时内需保证躺卧在温度达34～35℃环境区，2～3天内温度需30～32℃，3～7天内温度在28～30℃，以后逐渐下降，20日龄稳定在26℃，直到断奶。温度不适，仔猪下痢会增多，易患感冒、肺炎，体弱仔猪数量也会增加。规模化猪场一般除了给整个猪舍控温外，还专门为仔猪设置保温箱或保温伞（设备上方有红外线灯、石英管灯等，从上方向下辐射供暖，而在下方躺卧区设有地暖或电热垫板，防止仔猪腹部受凉）。

保育猪地暖

六、注射铁剂

为满足猪的生长需要，仔猪出生后3～5天内应注射铁剂，预防缺铁性贫血的发生，如右旋糖苷铁针剂、培亚铁针剂、血多素等，必要时2周龄可再注射一次。

七、诱食

仔猪7日龄应开始诱食，诱食较早可锻炼仔猪的肠胃功能，让其尽早适应固体配合料，减少断奶时因饲料变化产生的应激反应。诱食期食入的饲料，可补充仔猪因母猪泌乳量下降造成的营养不足。其方法是：将诱食料撒在仔猪补饲槽内，让仔猪在好奇探索中逐渐学会吃料，要注意开始投料时量不宜过多，保持每天的饲料新鲜，以少食多餐为原则，防止剩余饲料发霉、变质造成仔猪患病下痢。如果开始诱食几天后仔猪仍然不吃料，应检查诱食料的质量是否有问题。若诱食料正常，可采取强制诱食的方法，即将诱食料调成粥状，抹在仔猪嘴内喂料，但不可一开始喂得太多，喂过几次，仔猪就自然可习惯采食了。

八、减少仔猪断奶的应激反应

断奶是猪一生中受到的最大应激之一，处理不当，应激反应可直接导致猪的采食下降，出现不良症状，影响生长。要减少这种应激反应，必须在断奶前就开始考虑饲料的过渡，切忌突然更换饲料的品类，而应在原哺乳料中逐渐增加断奶后使用的保育料，直到断奶后一周左右才完全采用保育期饲料。此外，断奶期间的环境过渡也很重要，断奶仔猪进入保育舍，保育舍的温度应与产房温度基本一致，还应降低舍内湿度和有害气体浓度，尽量减少仔猪可能的应激反应，营造对仔猪生长发育和健康有利的环境。有的猪场采用断奶时赶走母猪，将仔猪留在产床原圈饲养一周后再转群到保育舍，并结合同窝仔猪转群到保育舍后仍同圈饲养的方法，此种方式也可显著减少断奶猪的应激反应。

九、预防腹泻

仔猪腹泻是哺乳期较常见的症状。首先应观察分析，弄清引起仔猪腹泻的主要原因，例如，仔猪过食，消化不良；感冒受凉；或感染大肠杆菌、患传染性胃肠炎和球虫病等。常规的预防措施有：

（1）作好保温防寒工作，保持圈舍清洁卫生。

（2）执行严格的全进全出制度，彻底消毒。

（3）仔猪料熟化处理，可加入益生素，提高可消化性。

（4）母猪产前 40 天和仔猪 15 日龄注射大肠杆菌灭活苗。

第五章　保育仔猪的饲养管理

一、饲料饲养

仔猪从断奶进入保育阶段处于敏感期，易发生应激，所以饲料供给及饲养方法应十分细致。由哺乳料转化到保育料应有一周左右的过渡时间，即在原哺乳料中加入保育料，由少到多，直至完全变更为保育料。仔猪进入保育舍3～5天后，由于已进入旺食期，可能出现抢食现象，这时应适当增加饲喂量，但也应防止暴食导致消化不良。仔猪刚转群到保育舍时，最好供给温水，并加入葡萄糖、电解质（钾盐、钠盐等）或维生素等药物，对提高仔猪抗应激能力十分有效。在保育期即将结束前1周，开始适当加入生长育肥期的饲料，由少到多，为保育猪转入生长育肥舍做好准备。

猪自动采食

二、温度控制

仔猪转群刚到保育舍，舍内温度应维持在27～28℃，3

天后可调至26℃，以后每周降2℃，直至降到21℃，这样有利于避免仔猪因转群受到温度突变造成的不良应激。猪栏内应设置温暖的卧床，以防仔猪躺卧时腹部受凉。猪舍内应保持干燥，空气清新，防止贼风。保育舍内不提倡用大量的水冲洗，每个饲养单元的清洁工具不能混用。

三、卫生防疫

保育期间的消毒防疫工作十分重要，在进猪之前，对刚空出的猪栏要进行清洁消毒。一般先用高压水龙头彻底对猪栏、各种设备及地面冲洗去污；然后用强消毒剂（如漂白粉、氢氧化钠溶液、福尔马林等）喷洒消毒，待干燥后再用清水冲洗掉药物，以免药物腐蚀圈栏设备；以后空栏1周晾干，等待接纳下一批猪。

科学合理的各种免疫注射是保育期间最重要的工作之一，应严格按照免疫程序进行。国内各猪场没有一个统一的免疫程序，猪场应根据周边的疫情和场内的情况，由兽医师制定切合生产实际的免疫程序。市场上疫苗的种类很多，应有严谨的科学态度，合理选择注射什么疫苗，并列出免疫程序，适时注射。注射时要按规定的方法稀释、摇匀，保证用具干净，消毒严格，最好每注射一头猪换一个针头，或至少每个猪栏更换一个针头，同时将要求的剂量注射到正确的部位，不可打“飞针”。八周龄左右，还应驱除一次体内外寄生虫。

四、疾病防治

保育仔猪容易出现腹泻，发现病猪应及时治疗。对腹泻较严重的仔猪，除服抗生素等药物外，还应补充电解质溶液。保育期还应特别重视防止传染病的发生，平时注意观察猪群的状态，一旦发现猪群中个别猪只离群、精神呆滞，即可能患有疾病，如测量体温偏高，应马上隔离，对症治疗。突然死亡的猪只应进行解剖诊断，并采样送实验室检验，查明病因，采取果断措施控制疾病。

第六章　生长育肥猪的饲养管理

一、分群与调教

仔猪保育期结束，将直接转入生长育肥舍。在生长育肥阶段应注意调节猪舍环境，合理饲喂，最大限度发挥猪的生长速度和饲料转化率等方面的潜力，促使猪群生长迅速、均匀，减少死亡率。

转入生长育肥舍的猪，按圈栏设计大小分群，一种方案是按原窝分群入舍，同窝猪一栏，或两窝合并成群入同一栏饲养；另一种方案是按照来源、品种、体重大小、强弱合理分群，尽量保持每个圈栏内的猪一致性较好，避免以大欺小、以强凌弱、相互咬斗等现象的发生。分群可在夜间进行，先对猪体喷洒气味大的药液（如来苏尔等），然后混群，1～2 小时后即可分群。猪只进入新圈栏位后，要及时调教，尽快养成采食、排泄、躺卧定位的习惯。一般在上圈之前，在采食区投放些饲料，而在排泄区撒上健康猪的粪尿。另外，在躺卧区放上一些保温用的干草等垫料。猪群入圈后，应有专人看管，驱赶猪只定点排泄，经两三天的训练即可帮助猪只形成良好的习惯，为以后饲养管理带来很大方便。

二、饲料饲养

育肥猪每圈饲养规模一般为 10～20 头，每头平均占圈栏面积为0.8~1.0平方米。此阶段多采用自动供料，让猪自由采食。若人工喂料，每天喂两次即可，但投料要恰当，既要让猪只充分吃饱，又要避免剩余过多的饲料，防止饲料受潮变质。要供给清洁饮水，最好安装自动饮水器让猪只自由饮水。

三、温度控制

猪生长育肥期的适宜温度为10~21℃，在此温控条件下饲料利用率较高，所以冬季应加强防寒保温。缺乏自动控温设备的猪舍，冬季可用塑料薄膜封闭猪舍窗户和各种缝隙，或增用厚塑料或棉麻布门帘。夏季炎热时段，应用电风扇增加舍内空气流动，敞开门窗，有条件的可安装水帘或水雾风动降温。保持舍内干燥可减少病原微生物的繁殖。生长育肥猪饲养密度大，粪污应及时清理，保持舍内清洁卫生。

四、疾病防治

认真贯彻“预防为主、治疗为辅、防重于治”的方针，严格按照场内的免疫程序进行预防接种。在猪体重达55千克左右时，可驱一次体内寄生虫。注意观察猪只的健康状况，包括精神、采食、排泄等，发现猪只出现精神不振、颤抖、呕吐、四肢无力等现象，应立即查明原因，及时治疗。病残猪立即隔离或淘汰，死猪运到指定地点处理。肉猪每次出栏后，及时对舍内，包括舍外通道、出猪台等设施进行冲洗消毒。

第七章　猪的营养需要与饲料

一、猪的营养需要

饲料消耗占整个养猪成本的比重达60%~70%，所以了解猪的营养需要，合理配制饲料，有助于提高饲料中营养成分的利用率，从而提高猪的生产性能和效益。

猪需要的主要营养成分包括蛋白质、脂肪、碳水化合物、维生素、矿物质和水。蛋白质是构成猪体各种组织，维持正常代谢、生长、繁殖所必需，而且不能被其他养分所替代的营养物质。猪的肌肉、皮肤、内脏、血液、神经、被毛及蹄壳等都是以蛋白质为主要原料构成的。碳水化合物饲料被消化吸收后，主要分解产生热能，是保证猪生命活动的能源，剩余的碳水化合物可转化为脂肪。脂肪同碳水化合物一样，主要功能是提供能量，此外，脂肪还是脂溶性维生素和某些激素的溶剂。维生素是猪体必需的微量营养物，目前已发现的维生素有30多种，各具特殊功能。当日粮缺乏某种维生素时，猪只会表现出相应的维生素缺乏症状，损害猪的健康。矿物质中钙和磷大部分吸收沉积为骨骼，钠和钾对维持猪体酸碱平衡和水的代谢有重要作用，铁、铜、锌、碘、硒等微量元素都是维持猪体健康所必需的元素。水在猪体中占55%~65%，缺乏水会导致猪只干渴，食欲下降，甚至死亡。猪在不同的生长阶段、不同生产目的（育肥或作种用）以及不同的生存环境下，对营养的需要也有所不同。

二、猪的常用饲料

1. 能量饲料

（1）玉米：含可利用能值高（消化能达14.77兆焦/千克）；脂肪含量较高，为3%~4.5%；但蛋白质含量和品质较其他许多谷物籽实低，粗蛋白质含量为7%~9%，缺乏赖氨酸和色氨酸。玉米适口性好，在猪饲料中用量居首位。

（2）小麦：大约含消化能14.23兆焦/千克，13%的粗蛋白质和3%的粗纤维。小麦含消化能、蛋白质高，纤维低，是优质能量饲料。小麦是人的主食之一，因价格较高，作饲料用量较少。

（3）小麦麸和次粉：面粉加工业副产品。小麦麸消化能为9.38兆焦/千克，次粉为13.77兆焦/千克；小麦麸粗蛋白质的含量为15%，次粉为14%。麸皮含能低，具润便轻泻功能，可防止怀孕母猪便秘。

（4）稻谷和糙米：稻谷含粗纤维高，约为8.3%，蛋白质含量为7.5%~8.4%，饲喂价值相当于玉米的75%~85%。糙米的粗纤维含量因去掉谷壳大幅降低，约为2.3%，有效能值、其他养分含量和饲喂价值与玉米相当。由于糙米的价格偏高，作饲料用受到局限。

（5）米糠：稻谷加工副产物，含消化能12.31兆焦/千克，粗蛋白质含量为12.9%，是猪很好的能量饲料。一般在生长猪日粮中可添加10%左右，育肥猪可达30%。新鲜米糠适口性较好，储存时间长易发生氧化酸败、霉变，值得注意。

(6) 甘薯：又称红薯、红苕、地瓜等，在我国种植面广。鲜薯含水量高达60%~80%，干物质含量为20%~40%。就干物质来看，甘薯属于能量饲料，有效能值与玉米接近，但粗蛋白质含量低，只有玉米的一半，粗脂肪与矿物元素含量也低。鲜薯含水量高，多汁，具甜味，适口性好，易于消化吸收，生喂或熟喂猪都喜食，有促进脂肪沉积和母猪泌乳的作用。研究表明，在采用甘薯为主的饲料中，添加适量的赖氨酸可显著提高甘薯的饲喂价值。发霉变质的甘薯切忌喂猪，以免中毒。

2. 蛋白质饲料

(1) 豆粕：是猪饲料中蛋白质主要来源之一。常规豆粕粗蛋白质含量约为44%，去皮豆粕粗蛋白质含量为47%~49%。豆粕对猪的适口性好，在猪生长的不同阶段均可使用。在使用豆粕时，适当加热或膨化处理，可显著提高其中氨基酸的消化率。豆粕中含有一定的抗原物质，在仔猪饲料中应控制其用量，断奶仔猪豆粕蛋白质占饲粮蛋白质比例以60%为宜，若适当添加酶制剂、植酸磷，效果更好。

(2) 菜籽粕：菜籽粕在猪日粮中可替代部分豆粕的用量，它含34%~38%的蛋白质，并可以按7.5%的添加量用于仔猪，10%的添加量用于生长猪的日粮，但是在育肥猪和种公猪的日粮中一般仅用作辅助蛋白质饲料。由于菜籽粕含有多种抗营养因子，如芥子甙、单宁等，所以应限量使用，否则会降低适口性，引起胃肠道炎症，降低饲料养分消化率。

（3）棉籽粕：脱壳棉仁粕的粗蛋白质含量为41%～44%，尽管其蛋白质的含量和品质都比不上大豆粕，但仍属高蛋白质饲料。因棉籽粕中含抗营养因子，如游离棉籽酚等，饲用过多，可能发生积蓄性中毒，因而应限量使用，同时，最好补充赖氨酸以及钙。哺乳仔猪和种猪不宜使用。肉猪饲料中游离酚最高限量为100毫克/千克。

（4）花生粕：含蛋白质44%～50%，有效能值亦较高，但赖氨酸和蛋氨酸含量低。花生粕对猪的适口性较好，但用量过多，会使猪的肉质变差、脂肪软化，一般用量不超过10%。花生粕极易感染黄曲霉，黄曲霉产生黄曲素，会导致猪中毒，哺乳仔猪忌用。

（5）鱼粉：鱼粉含蛋白质62%以上，氨基酸之间平衡性好，可消化率高达90%以上。此外，鱼粉约含钙6%，含磷3%，有较丰富的维生素A、维生素D，所以鱼粉的饲用价值高于其他蛋白质饲料。由于鱼粉价格昂贵，通常用于配合奶猪和保育仔猪饲料，用量为5%以下。购鱼粉时，应注意识别掺假、变质鱼粉，正常鱼粉外观呈淡黄色或浅褐色，有特殊的香味，盐分和沙低于1%。

（6）肉骨粉：肉骨粉多是动物屠宰场的副产物，如残骨、脂肪、内脏、碎肉等经加工制作而成，由于原料不同，营养成分变化很大。新鲜优质的肉骨粉蛋白质含量可达50%左右，其中，钙、磷含量也较高。饲粮中肉骨粉用量过大，适口性下降，猪料中应当控制用量，育肥猪一般在5%以下为宜，而仔猪则不宜使用。

（7）血粉：蛋白质含量很高，可达83%，但血粉纤维蛋白不易消化，氨基酸利用率低。血粉味苦，适口性差，用量不宜过高，一般控制在日粮的2%左右。

（8）蚕蛹：蛋白质含量达52%，氨基酸含量高而平衡；脂肪含量高达26%，脂肪有特殊味道，易氧化酸败，不易贮存。蚕蛹价格高，一般用量为日粮的3%~5%。

3. 矿物质饲料

（1）钙和磷：钙磷饲料主要有石灰粉、骨粉、磷酸氢钙、贝壳粉等。石灰粉含钙量为35%~38%；骨粉一般含钙量为24%~30%，含磷量为10%~15%；磷酸氢钙含钙量为22%~23%，含磷量为16%~18%；贝壳粉的主要成分为碳酸钙，一般含钙36%左右。

（2）微量元素补充料：指能够补充猪所需的铁、铜、锌、锰、钴、硒、碘等微量元素的矿物质饲料，可分为无机微量元素和有机微量元素两类。无机微量元素多为化工原料的副产物及加工品，其价格低，生产应用广，但因产品成分复杂，其中残留的有毒有害物质可直接影响猪只的健康和产品质量。有机微量元素是指金属元素与蛋白质、小肽、氨基酸、有机酸等加工形成的络合物或螯合物，与无机微量元素产品相比，有生物利用率更高，安全性更好，有利于提高畜产品质量，降低环境污染的优势。生产上使用有机微量元素替代无机微量元素是必然的发展趋势。微量元素的添加一定要注意使用量，剂量过高，不仅造成浪费，还可能对猪产生某些副作用，影响猪的健康。

4. 维生素饲料

这里所指维生素饲料，是采用化学合成或微生物发酵方法工业化生产的维生素或维生素盐类。猪日粮中常用的维生素一般由预混料提供。

5. 青绿饲料

由于规模化生产，一般猪场使用青绿饲料较少。但有条件的猪场，可种植或收购部分青绿饲料喂猪，因为新鲜青绿饲料柔嫩多汁，适口性好，可调节胃肠道 pH 值，消化利用率较高。青绿饲料其干物质能值中等，蛋白质、钙、磷、维生素的含量均较高，某些青绿饲料含未知因子，能促进猪的生长和繁殖。在使用青绿料时，应注意选择幼嫩的叶茎，青绿料中的纤维素过多，可降低猪的消化率，带来负面影响。此外，要严防采用曾施过农药的青绿饲料，防止中毒事件的发生。猪场使用青绿饲料，仅可少量搭配使用，不宜采用过去农户“以青粗料为主”的饲养方法。

第八章　猪日粮配制

猪的日粮配制是指根据猪的营养需要和饲料的养分含量知识拟定科学配方，按配方生产猪的饲料。选用适宜的饲养标准是配制日粮的科学依据，常用的有中国猪的饲养标准（国家标准局颁布）和美国的 NRC 饲养标准。有了标准，还得选择市场上的饲料原料。饲料原料的选择掌握产地生产量大、优质、价廉的原则，即选用性价比最优、具有成本优势的饲料原料，再根据各种饲料原料的营养成分计算出符合猪只需要、成本最低的配方。通常需要应用计算机和相应的软件完成配方的筛选与制定，这里只介绍一些基本知识。

市场上的商品饲料常见的有添加剂预混料、浓缩料和全价配合饲料。

一、添加剂预混料

添加剂预混料是把多种饲料添加剂按一定比例定量混合制成，其中主要有多种维生素、矿物质、赖氨酸、蛋氨酸、抗菌素和生长促进剂等。猪场购回后按照说明加入基础日粮（能量饲料、蛋白质饲料及其他饲料）中混合，达到饲料营养全面的目的。

在购买、使用添加剂预混料时要注意了解其中的成分和使用量。例如，有的添加剂预混料加量为0.5%，主要含微量元素、维生素；有的添加量为1%，除微量元素、维生素外，还加入氨基酸、药物预混剂及生长促进剂等，以减少饲粮中蛋白质饲料的用量，提高饲料利用率，促进猪只生长，预防疾病；有的添加剂预混料加量达到4%~5%，即除上述成分外，又增加了磷酸氢钙等矿物质，在使用时只需加入能量、蛋白质类饲料原料及盐分等即可配制成全价配合饲料。

二、浓缩饲料

浓缩饲料是在添加剂预混料的基础上，再加入不同蛋白质饲料，如乳清粉、进口鱼粉、植物蛋白等，添加种类齐全，其特点是蛋白质、无机盐、维生素含量高，与能量饲料（如玉米）配合后即可成全价饲料。浓缩饲料是一种半成品，不能单独使用，一定要根据浓缩饲料说明及推荐配方，配合能量饲料使用才能达到全价配合饲料的效果。由于浓缩饲料的配方不同，使用量也不等，一般在10%以上。

三、全价配合饲料

全价配合饲料是根据猪在不同的饲养阶段所需的营养，用多种能量饲料、蛋白质饲料以及添加剂预混料配合而成，营养全面，适口性好，能满足猪只生长发育或生产各阶段的需要，如诱食料、哺乳仔猪料、保育猪料、生长猪料、育肥猪料、空怀母猪料、妊娠母猪料、哺乳母猪料、公猪料等。不同阶段生长或生产的猪应当使用相应的全价配合饲料，才能达到预期效果。

配合饲料的料型常见的有粉料和颗粒料两种，还有为了有利仔猪消化，将饲料经膨化处理形成的膨化饲料。其中，粉料应用最广；颗粒料有适口性较好，减少浪费的优点，但成本略高；膨化料多用于仔猪。

规模化猪场十分重视经济效果，即如何从饲养角度尽可能提高猪的生产效率，降低成本，获取更佳的经济效益。因此，需要在饲料与饲养技术上提出更细致的分阶段饲养。因为猪在不同日龄、不同体重、不同生产阶段的营养需要是不同的，有一定的差异，因此，在不同阶段，按需要供给养分全面的饲料，更能满足猪的需求，减少浪费，降低成本。市场上的饲料原料价格常有波动，在配制饲料时应按照性价比值最佳的原则，相应调整饲料配方。所以，配合饲料的配方不是一成不变的，需要专业技术人员把关。下面提供一个全价饲料配方示例供参考，如表 8－1。

表 8－1　全价饲料配方（百分比）示例

体重 / 配方 / 饲料原料	3～5 千克		5～6 千克		10～20 千克		20～25 千克		50～100 千克		母猪	
	1	2	1	2	1	2	1	2	1	2	妊娠母猪	泌乳母猪
玉　米	44.63	47.30	56.01	56.22	62.06	63.59	70.79	72.95	71.01	60.99	71.04	62.57
麦　麸	—	—	—	—	—	—	—	—	6.00	15.00	—	—
膨化大豆	16.00	20.00	20.00	22.00	15.00	15.00	—	—	—	—	—	—
豆　粕	—	—	10.00	9.00	13.50	15.00	14.00	12.00	4.00	—	8.00	27.57
血　浆蛋白粉	7.00	5.00	—	—	—	—	—	—	—	—	—	—
鱼　粉	5.00	5.00	6.00	6.00	3.00	2.00	2.00	2.00	—	—	—	—
乳清粉	25.00	20.00	10.00	5.00	3.00	2.00	—	—	—	—	—	—
玉米酒糟	—	—	—	—	—	—	10.00	—	—	—	—	—
干啤酒糟	—	—	—	—	—	—	—	5.00	—	—	17.00	6.00
菜籽粕	—	—	—	—	—	—	—	5.00	8.00	7.00	—	—

续表

体重 / 配方 / 饲料原料	3~5千克		5~6千克		10~20千克		20~25千克		50~100千克		母猪	
	1	2	1	2	1	2	1	2	1	2	妊娠母猪	泌乳母猪
棉籽粕	—	—	—	—	—	—	—	—	—	3.00	—	—
赖氨酸	0.04	—	0.11	0.14	0.14	0.20	0.26	0.32	0.15	0.20	0.19	0.27
蛋氨酸	0.06	0.03	—	—	—	0.10	—	—	—	—	—	0.02
碳酸钙	0.49	0.50	0.50	0.40	0.50	0.52	0.66	0.59	0.38	0.40	0.67	0.82
磷酸氢钙	0.46	0.85	1.01	1.24	1.48	1.59	0.76	0.82	—	—	1.79	1.45
骨　粉	—	—	—	—	—	—	—	—	0.65	0.60	—	—
胆　碱	—	—	—	—	—	—	—	—	0.06	0.06	—	—
食　盐	0.30	0.30	0.30	—	0.30	—	0.30	0.30	0.25	0.25	0.30	0.30
预混料	1.00	1.00	1.00	—	1.00	—	1.00	1.00	1.00	1.00	1.00	1.00
复合多维	0.02	0.02	0.02	—	0.02	—	0.02	0.02	—	—	0.03	0.03
合　计	100	100	100	100	100	100	100	100	100	100	100	100

对一般猪场而言，不太主张采购各种基础饲料原料来自行生产配合饲料。表面看来，猪场自己采购能量、蛋白质饲料原料，以及维生素、氨基酸、矿物质等饲料自行配制可以节约成本，但是由于配合全价饲料的原料种类多，猪场受采购量、储存、加工等条件的限制，易导致饲料品质得不到充分保证，加上损耗，可能得不偿失。猪场若不直接从饲料厂家购买全价配合饲料，也可选择购买添加剂预混料或浓缩料，自己加入基础料配制饲料。有少数龙头企业、大型猪场，本身耗料量大，再加上采用“公司＋农户”模式，带动为数众多的中小型猪场、养猪专业户、专业合作社农户，养猪数额巨大，需统一供给优质、安全的配合饲料，则可考虑建专业的饲料厂。

猪场无论购置何种类型的饲料，最好选择规范、大型、有资质、品牌信誉好的饲料厂所生产的产品，切忌购置受潮、发霉、过期产品。在使用过程中应当注意观察应用效果，猪场可选择几个声誉好的厂家饲料，在场内搞小规模饲养试验，可多重复几次，做到心中有数。更换不同厂家品牌或不同阶段饲料，应注意有几天的过渡期，即在原饲料中逐步增加新更换的饲料用量，直至完全代替。

第九章　猪场卫生防疫

规模化猪场要把保证大群猪只健康、生物安全放在首位，树立“预防为主”的观念。疾病预防应考虑影响猪只健康的多种因素，如社会环境、人的活动、猪群健康状况、饲料营养、粪污处理等影响因素，所以应有针对性地分别采取清洁、消毒、检疫、隔离、净化等综合防疫措施。其间，应特别注意防控传染病源头，切断传染途径，严防病原侵入猪体，保证猪只健康。

猪场一般分为管理区（外勤区）、内勤区、生产区和粪污处理区几大部分。管理区包括：办公室、宿舍、仓库、饲料加工厂、车房及水电配套设施，人员进出较多，是猪场病原进入的重要途径。内勤区是生产区工作人员生活与住宿区域，内勤区和生产区应严格与管理区隔离，形成相对的封闭区，主要包括直接接触猪的饲养员、技术人员及猪群。

一、管理区的防疫

（1）防止无关人员进入管理区。

（2）管理区大门外设有车辆冲洗处，凡要进入管理区的车辆首先在该处用高压水枪进行冲洗。大门口设有车辆消毒池，池内贮2%浓度的烧碱溶液，车辆经冲洗并用喷雾消毒装置对车身和车底盘消毒，再驰过清毒池，对车辆轮胎消毒后才能进入。

（3）所有进入管理区的人员，必须经过设在大门侧的消毒室，经消毒后方可入内。消毒室上端有蓬头式消毒器，喷射超细雾状的、对人体无害的消毒药水，对来访者作全身消毒；脚下经过含消毒药液的垫料消毒；出门处设有消毒盆，双手经在盆中洗涤消毒，再经净水冲洗后方可进入管理区。

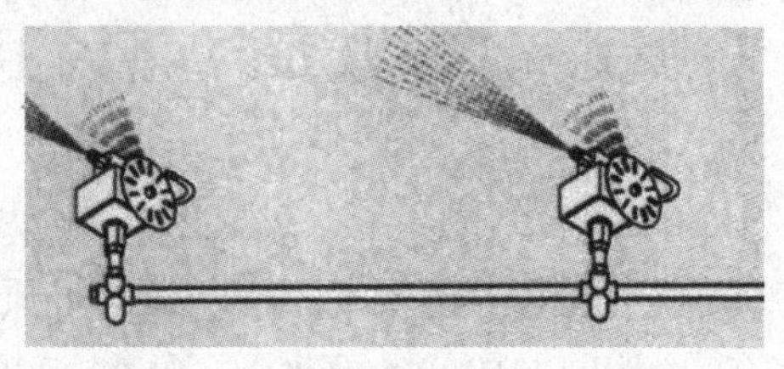

喷雾消毒设施

超细雾状消毒间

（4）所有进入管理区的物品必须进行消毒，如袋装饲料拉入仓库，应在仓库设分间隔的可密封的小库，每次装一小库，封闭后空气熏蒸消毒 24 小时后方可使用。猪场食堂的猪肉全部由场内自给，不得采购场外偶蹄类动物肉类入场。

（5）管理区内应实施定期消毒制度，垃圾在指定地点集中处理，管理区人员不得随意进入生产区。

二、生产区的防疫

（1）所有由管理区进入生产区的人员，包括场外人员、场内管理区人员以及在生产区工作、定期休假后返场的人员，必须在设于管理区的隔离宿舍待上48小时，经洗浴、消毒、更衣后方可进入生产区。

（2）在生产区的入口设有洗浴、消毒间。进入人员必须在消毒间经过沐浴（包括头部）后，更换场内专用、经消毒的工作服、帽（参观人员用一次性消毒防护服），穿上胶靴，经过消毒池消毒才可进入生产区。

（3）每幢猪舍门前设消毒盆（或消毒槽），进出猪舍人员的胶靴必须踏入盆（槽）内消毒。

（4）猪舍内的消毒。猪场应采用“全进全出”的饲养工艺流程，在进猪前，空猪舍应彻底消毒。首先，用高压水龙头彻底冲洗顶棚、墙壁、围栏和地面，直到洗净为止；待干燥后，关闭门窗，用福尔马林（30毫升/米^3）熏蒸消毒12～24小时；再用2%的烧碱或3%的来苏尔对地面进行消毒；24小时后用净水冲去残药，晾干后待进猪。

（5）猪舍内的饲养、管理用具及饲槽，每天洗刷，定期用0.1%的新洁尔灭消毒。

（6）猪体可用0.1%的新洁尔灭，2%～3%的来苏尔或0.5%的过氧乙酸等进行喷雾消毒。

以产房为例，进猪前用水将舍内，含地面及设备冲洗干净，干燥后用福尔马林（30毫升/米^3）熏蒸12～24小时，再用0.1%的新洁尔灭或3%的来苏尔等药物消毒，以后用水冲去残药。临产母猪进入产房前将全身洗刷干净，用0.1%的新洁尔灭消毒全身后进入产房。母猪分娩前用0.1%的高锰酸钾消毒乳房和阴部，分娩完毕，再用消毒药抹拭乳房、阴部和后躯。产后及时清理胎衣和清洁产房。

（7）生产区应有严格的日常消毒管理制度，猪舍内应搞好日常的清洁卫生工作，消除杂物、粪尿及使用过的垫料；道路、赶猪道及运动场定期用2%的烧碱或3%的来苏尔消毒；病猪及死猪严格按照规程消毒处理。

三、猪场常用的消毒药物及使用方法

（1）氢氧化钠（烧碱、苛性钠）：对细菌和病毒有强大的杀灭力。用1%~2%热溶液对圈舍、地面、用具等消毒效果甚佳，消毒后应用洁净水冲洗，降低药物腐蚀性。

（2）石灰：1份生石灰（氧化钙）加1份水即成熟石灰（氢氧化钙），然后加水兑成10%~20%的混悬液，可用于墙壁、圈栏、地面的消毒。因为熟石灰放置久后吸收空气中的二氧化碳变成碳酸钙而失去消毒作用，所以要现配现用。在潮湿的地面撒生石灰也可起到消毒的作用。

（3）碳酸钠（纯碱）：常用4%的热溶液洗刷或浸泡场内地面或工具。

（4）漂白粉：常用浓度为5%~20%，其5%溶液可杀死一般病原菌，10%~20%溶液可杀灭病原菌芽孢，一般用于猪的圈舍、地面、水沟、粪便、水井、运输工具等的消毒。

（5）福尔马林：为含甲醛37%~40%的水溶液，有很强的消毒作用。1%溶液可用作猪体表消毒，2%~4%的水溶液用于喷洒墙壁、地面等。福尔马林对皮肤、黏膜有刺激作用，使用时应注意人畜安全。

（6）来苏尔：3%的水溶液常用于地面、过道、环境以及猪体消毒。

（7）过氧乙酸（过醋酸）：常用0.5%溶液消毒猪舍、

地面、墙壁、食槽等。

（8）新洁尔灭：具较强的去污和消毒能力，无刺激、无腐蚀性。0.1%的水溶液可用于消毒间、饲槽、猪体、器械消毒，应用较广泛。使用时应注意不要与肥皂或碱类接触，以免降低消毒效力。

（9）氯胺（氯亚明）：常用0.5%~5%的水溶液消毒圈舍及污染的器具；饮水消毒每吨水可用4克。

（10）百毒杀（癸甲溴氨溶液）：可以用喷雾、饮水、浸泡、泼洒等方式消毒，对人、猪均无毒，属广谱消毒剂。饮水消毒可每吨水加5%浓度规格的百毒杀50~100毫升；猪体及舍内喷雾消毒则每10升水中加50%浓度规格百毒杀3毫升，发生传染病时消毒的浓度加倍。

一个猪场应购置多种消毒剂，不同的消毒对象使用不同的消毒剂；为提高消毒效果，可轮换交叉使用不同的消毒剂。

四、药物预防

前面已叙述过，场内对猪只进行免疫接种是预防某些传染病发生和传染的关键措施，必须按免疫程序打好预防针。

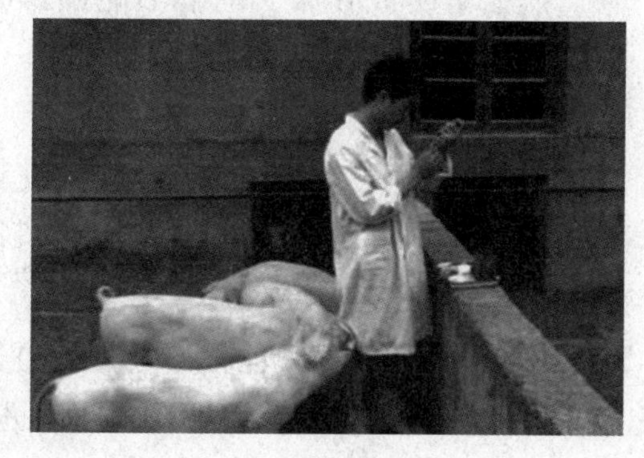

药物注射

必要时，在猪的饲料或饮水中，适当使用某些对猪体无害的药物，可对细菌性和寄生虫类疫病有一定的预防作用。常用的药物有抗生素、驱虫药等。应特别指出的是在饲料和饮水中加入药物时一定要慎重，药物的滥用会造成不良后果，如耐药菌株的形成，猪体正常菌群的失调，甚至在猪肉产品中有药物残留等。我国已禁止和限用许多添加药物。为了趋利避害，非特殊情况下不要在饲料和饮水中添加药物；在添加药物预防疾病时不可乱加；药物在猪体内及产品中的残留量不得超过许可量，必须按规定实行停药期，以避免对人体的危害；加入的药物一定要与饲料或饮水充分混匀，如果混合不匀，可能出现有的猪因未摄入足够量的药物而达不到预防的效果，也有可能出现有的猪因摄入过量的药物而发生不良反应。

五、发生疫情应采取的措施

（1）发生疑似传染病时，必须及时隔离病猪，尽快确诊。病因不明或临床、剖解不能确诊时，应取样本送上级有关部门协助诊断。

（2）确诊为传染病时，应逐级上报，迅速采取有力措施，根据传染病的种类，划定疫区进行封锁，全场紧急消毒，对健康猪进行紧急接种疫苗和药物防治，在救治轻症病猪的同时淘汰重症猪只。

（3）要对可能被传染病污染的畜体、用具、工作服和其他污染物等进行彻底消毒，粪便应进行无害化处理。

（4）传染病猪及疑似传染病猪的肉、皮等，经兽医检查分类，按照相关规定分别作无害化处理后利用，或者焚烧深埋。

第十章　猪场建设与设备

建设规模猪场，不少地方在选址、规划布局、畜舍建设和设施设备的选择配置上存在许多问题。猪场的建设与设备的选购安装，首先要坚持科学合理，因地制宜，有利于企业发展的角度投入资金，对先进、实用的设备与技术应选择性采用，目的是提高生产效率，生产优质产品，节约资金和能源，追求合理的经济效益。其中，应防止守旧思想，认为有圈舍，多请些饲养员，用不了什么设备就可把猪养好。现代养猪业要求自动供料、标准化饲养、自动控温、高效率消毒、合理处理粪污染等，这些单靠人力是不可能完成的，何况，现在劳动力成本迅速增加，传统饲养方式的成本也越来越高。另一方面，也应防止搞“形象工程”，贪大求洋。猪场的建设规模与设备的选择，需经过科学论证，合理购置，才能达到满意的效果。

一、猪场场址的选择

（1）防疫条件：猪场选址应远离居民区和其他养殖场，尽可能避免人的活动或其他牲畜带来的防疫方面的不良影响，一般应与居民区保持1 500 米以上的距离，与其他猪场的间距更远为好。猪场附近不得有工厂，以免工厂废气、噪音对猪产生影响。猪场生产过程中产生的臭气与噪音也会给周边环境带来污染。所以，场址最好选在广阔的田野、树林环境之中。

（2）地势和地形：猪场场址应选择在相对较高的地势，有利于污水、雨水的排放。地势低洼，场内湿度增加，微生物、寄生虫及蚊蝇等极易生长繁殖。在山区或丘陵地区，猪场应尽可能设在向阳面，坡度在20°以下较好，坡度过大会增加施工难度，提高建场成本。此外，猪场应避开风口。一般多选择东南或南向缓坡地带建场。地形应开阔，整齐，便于以后猪场的通风、采光、施工、运输管理。场址周边最好留有为猪场未来发展扩建的余地。

猪场环境

（3）水源：绝大多数猪场远离城镇，多用地下水源。猪场生产用水应满足水量充足、水质符合卫生标准两项基本要求，所以建场前，应请专业部门对水资源进行勘测、化验，做到胸中有数。猪在不同生长期对水的消耗量有所不同。例如，育肥猪体重35～100千克期间，每日耗水量为3.8～7.5升；后备母猪每日耗水量为13～17升；泌乳期母猪为18～23升；10～35千克的生长猪为2.5～3.8升；仔猪1.3～2.5升。在生产实践中，还应包括冲洗圈栏、地板、尿沟及职工生活用水，所以在设计用水量时，应留有充分余地。

（4）粪污处理：猪场每日排出大量的粪、尿及冲洗圈舍的污水，尽管在许多猪场已建有沼气池，对粪污进行厌氧、好氧及湿地等综合处理，但仍应高度注意，严防造成面源污染。从发展现代养猪业、建立可持续发展和循环经济的观点出发，猪场选址与建设必须考虑周边土壤、农作物及其他植物消纳肥水的能力。不同土壤的土质、地面上的作物、林木需肥量差异较大，猪场建设应与政府有关部门配合，按照当地农牧业发展规划，合理布局，确定发展规模。应让猪场的粪污全部还田，满足农作物、果蔬、经济作物及其他林木等对水肥的需求，变废为宝，又能减少化肥用量，不让粪污废水污染环境，形成农牧业生态、经济正循环，绝对不允许粪污废水污染水渠、河流。

（5）交通：较大规模的猪场，其运输饲料、猪只、生产有关物资及废弃物等任务十分繁重，运输涉及成本，故场址选择应保证交通方便，同时，又必须考虑防疫安全和环境安静，一般可选择距交通主干道 1 000 米、一般公路 500 米以上的距离。

（6）其他因素：猪场的电力、通信、光纤等基本条件应有充分的保障。

二、猪场的内部规划与布局

1. 场内分区

按照地势由高到低和顺着常年风向，依次设置管理区（外勤区）、内勤区、生产区及粪污处理区。管理区为办公及猪场外勤服务活动的场所；内勤区为饲养员及生产区有关人员下班食宿及活动场所；生产区为各种猪舍及生产场所；粪污处理区为猪场粪尿及废水处理场所，还设有猪的尸体处理设施。各区之间应有隔离距离与消毒设施，可人为设置隔离林、防疫沟或围栏等设施。除猪舍、道路等建筑外，所有空地应绿化或种植高产青绿饲料。

2. 各猪舍的布局

按地势由高到低和常年主风方向，依顺序安排公猪舍、配种母猪舍、妊娠舍、产仔舍、保育舍与生长育肥舍。这种安排符合规模化猪场生产工艺流程运作需要，又能保证设置最短的转猪路线，减少猪转群应激，有利于防疫。

不少猪场猪舍按“三点式”布局，即种猪的繁殖为一个区，包括公猪舍、母猪配种、妊娠及产仔舍；断奶仔猪立即转到保育区；猪只保育区结束转入生长育肥区，各区之间分离，相距 1 000 米以上，形成相对独立的生产单位，更有利于防疫和专业化生产。

3. 粪污处理区

该区是猪场卫生防疫的重点，应设在猪场的较低位置和下风段。粪污处理区内应按要求安装厌氧、好氧及湿地处理粪污的全套设施设备，使处理后的流水达到规定标准。干粪一般在贮粪场经发酵处理后，从靠围墙的专用出粪道运出。猪的解剖及病猪尸体处理多设在该区，备有相应处理设备。

4. 猪舍的朝向与间距

四川地理位置偏我国南方，夏季炎热，猪舍应顺东西向建设，避免晒“二面黄”，如在山丘地区因地势条件所限，选择南偏东或南偏西建设，其角度应控制在 15°以内为宜。为保证猪舍有较好的采光、通风及预防猪舍之间呼吸道疾病可能的传染，猪舍间距应在 12 米以上，猪舍之间可种植青绿饲料、花卉、树苗，既充分利用土地资源，还可获较好经济效益。

5. 道路

(1) 猪场的净道与脏道要分开。净道是指运送入场的饲料、猪只、生产资料等清洁物品的道路；脏道则是运送粪便、污物、病猪等脏物的道路，这两类道路不能交叉，否则对防疫不利。

(2) 场内主干道要保证运输车辆及消防车辆顺利运行，一般宽 5.5～6.5 米，支路宽多为 2～3.5 米，路面应坚实，排水良好，不能太光滑。

(3) 场内应设有驱赶猪只的转群或出售的专用道路。

三、猪舍设计

(1) 猪舍设计的基本原则：按猪场建设总体规划设计布局；符合猪只不同性别、不同发育和生理阶段，以及不同生产目的要求；适合规模化生产的工艺流程；有利于控制疫病的传染；有利于环境保护；猪舍设计必须与所采用的供料、温控、通风等设备配套；就地取材，力求坚固耐用，减少基本建设投资。

全封闭式猪舍

(2) 猪舍建筑材料：市场上建筑材料有多种，猪舍建筑选材应考虑隔热、防腐、耐用、价廉等问题。猪舍屋顶多用彩钢，彩钢需有 10 厘米以上厚度的阻燃泡沫塑料夹层；农村也有用水泥瓦、石棉瓦的，但必须设保温用的隔层。

半敞式猪舍

墙体多用砖混结构。窗户多用铝合金或镀塑钢材料，设平开窗或能平行移动的推拉窗，推拉窗的下沿窗轨适当延长，能使窗框的空间面积全开放；地面多用混凝土；尿沟底力求平滑。

（3）公猪舍：多采用有窗封闭舍或半开放式猪舍设计，单圈饲养，有条件的还设圈外运动场，猪栏高1.2～1.4米，栏门宽度0.8米左右。实施人工授精的猪场，人工采精室多设在公猪舍，内置采精栏，栏位中有假母猪台及采精附属设备；采精室与精液实验室连接，实验室有精液检验、稀释、保存等仪器设备。

（4）配种母猪舍：多采用有窗封闭舍或半开放式猪舍，饲养待配种后备猪及空怀母猪。规模场现阶段配种母猪多采用限位栏饲养，节省占地面积，便于观察发情配种。限位栏按猪的品种不同，长2.2～2.4米，宽0.6～0.8米，其缺点是母猪活动量不够，不利于健康，可能缩短利用年限，从动物福利角度，现部分猪场已将配种母猪改为小群圈养。在采用小群圈养时，饲槽位置设半限位栏，避免猪彼此争食。半限位栏高0.8～1.0米，栏门宽0.8米左右。

（5）妊娠母猪舍：母猪妊娠期多采用限位饲养，少数猪场采用群养。妊娠母猪舍应注意空气流通，多采用大窗通风式，或半开放式，由窗帘调节空气流量的设计。

（6）产仔舍：对猪舍内保温环境设计要求高，多采用有窗封闭式猪舍，舍内顶设隔热层或天花板；舍内设有控温设备，以保持冬暖夏凉；此外，舍内设有母猪的产床及仔猪专用的保温箱、保温伞等专用设备。

（7）保育舍：设计重点以舍内保温、通风为主，多采用有窗封闭式猪舍，除舍内屋顶及四壁设保温层外，舍内有控温设施，有的设有地暖。舍内有仔猪保育栏配套设备。

（8）生长育肥舍：此阶段，生长育肥猪对环境的适应能力已较强，猪舍设计主要考虑冬季保温和夏季防暑，提高肉猪的饲料利用率，一般多采用半开放式猪舍设计，夏季猪舍两侧全部开放，冬季适当封闭。

四、猪场主要设施设备

猪场的设施设备名目、规格繁多，其选择的原则是：与猪场设计方案配套，讲究质量、经济实用、坚固耐用、方便管理、价格合理。

自动供料设备

（1）自动供料设备：主要由饲料塔、输送料线、落料器、调控器等几部分组成，是猪场减少劳动力，实现标准化饲养的重要设备。

（2）控温设备：夏季舍内降温多采用湿帘降温系统，其经济、实用，效果较好，但要注意舍内的通风，若通风不好，可能增加舍内湿度；此外，也有猪舍采用冷水喷雾，负压抽风散热方式降温。冬季供暖常见热风式、地暖式、畜禽空调等作供暖系统，其中，以畜禽空调效果较好，温控亦较稳定。

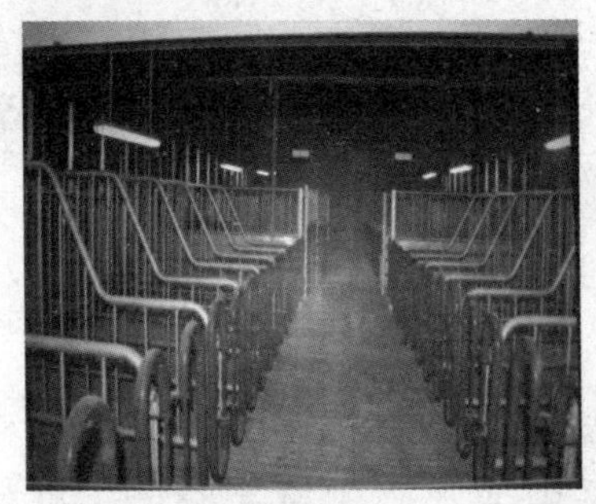
限位栏

产床

仔猪保育栏

育肥猪栏

（3）圈栏设备：常见的有公猪栏、母猪限位栏、母猪产床、保育猪栏、育肥猪栏等，各种猪栏的设计均有标准。

（4）通风设备：常见的有全机械负压通风、自然通风（卷帘式）、机械与自然结合的通风系统。猪场可因地制宜、择优选择相应设备。

（5）粪污处理设施：常见的粪污处理模式与流程是粪污流经沉淀池，将干粪搜集另行处理，尿污液体进入沼气池，经发酵处理后，沼气另作用途，余下的沼液经好氧处理后，进

猪舍通风设备

入湿地进行生物、日光生态处理，达标排放利用。故粪污处理系统有许多专门的配套设施，如干粪挤压收集机、沼气发酵池、暴氧池等，这里不作详述。

（6）其他设备：猪场生产还应包括运输设备、水电供应设备、猪的尸体处理设备，以及猪的称重计量设备、种猪选育测定设备等。猪场员工长期工作、生活在场内，应设有完善的生活配套设施设备。

粪污处理沼气设备

第十一章　猪场的经营管理

作为企业，猪场的生产最终目的是为了获取利润，企业经营者不仅应具备养猪生产方面的知识，还必须具备现代经营管理能力，所谓“管理出效益”是有其道理的。

一、养猪生产经营的特点

1. 养猪业是政府十分重视、民众最关心的行业

我国是世界上养猪最多的国家，猪肉是广大群众消费肉类最基本、数量最多的食物，猪肉及其制品约占肉类总产量的65%。养猪产业起伏波动，直接影响到市场猪肉及相关产品的价格波动，甚至影响到民众生活及社会、市场的稳定。猪肉产品是否安全、优质，涉及到人民身体健康。此外，办猪场投资较大，风险较大，利润较薄，投入资本回收期也较长，不稳定因素较多。因此，党和政府十分关注，支持养猪业的发展，长期以来不断从政策、资金、技术、信息等各个方面给予大力资助，从而使我国养猪业得以迅速发展。

2. 办猪场存在风险

（1）市场风险：养猪业的市场竞争是开放的，猪场的竞争对手有少到年出栏几头猪的农户养猪，有年出栏几万头，甚至数十万头的大型规模化猪场；养猪涉及饲料、机械、药物、运输以及劳动力成本，各种成本也在不断变化；

此外，国内猪肉期货市场不成熟，导致多年来猪肉及其产品周期性的较大幅度的涨跌，这些复杂的不稳定因素会直接影响猪场的经济效益。

（2）疫病风险：随着我国经济的高速发展，交通日益便利，国内外猪场之间的引种也日益频繁。良种交流可提高生产性能，但也给猪的疫病传播开了方便之门。此外，不少猪场在防疫设施及管理上尚不完善，疫病成为猪场的重大威胁。猪场一旦感染传染病，不仅需投入大量的人力、财力控制疫病，还会直接影响猪的生产能力，造成重大经济损失。更为严重的是，若是染上某些烈性传染病，还得按照国家有关防疫规定，将猪全部淘汰处理，给投资者带来惨重的损失。

二、猪场的经营理念

（1）重视经济效益：猪场生产经营目标是为消费者提供安全、优质、廉价的猪肉产品，创造利润。目前，市场上的安全、优质的放心肉深受消费者欢迎，虽然价格较高，但销售快，利润也较高，这是企业的发展方向。若企业因产品质优创出名牌，知名度提高，可进一步提高经济效益。

（2）重视社会效益：规模化猪场应在自我迅速发展的同时，充分发挥资金、设备、技术、人员及管理等优势，带领广大农户养猪致富，取得企业与农户双赢的效果，也更易获得地方政府的关注和支持，扩大社会效益。

三、猪场管理

场内生产经营管理包括人事、财务、生产、研发、产品监控、营销、后勤等多个部门。场内管理应做到各部门分工明确，岗位责任具体，有相应的管理制度，任务分解落实到每个职工，监管得力，奖罚分明。各个工作岗位都有相应的“工作手册”，使各项工作尽可能标准化、规范化。能否充分调动和发挥每个员工的自觉的工作积极性，是场内管理是否成功的关键。此外，场内应有自己的企业文化，有凝聚力，使职工身心健康、愉快，全心为实现企业的经营目标作贡献。

四、猪场的经营策略

1. 规模经济战略优势

猪场应根据市场需求，整合场内的资金、人才、技术、设备、物流等资源，从实际出发，科学定位，确定饲养规模，制定战略发展规划。因为养猪是薄利行业，摊到每头猪身上的利润是较薄的，但饲养的数量多，规模大，规模效益又是十分可观的。除企业本身自我发展外，可采用企业带农户的方式实现规模化养殖，企业从品种、技术、饲料及防疫等方面支持农户，农户养猪可获取更多的效益，其间，企业亦可获取部分效益。“公司+农户”发展模式的关键是解决好公司与农户的利益联结机制，公司让利给农户，发展规模大了，公司从农户中获得的回报集合数就越多，规模效益就会越显著。

2. 成本战略优势

构成猪场成本包括饲养各类猪的饲料成本，疫病防治及诊断、治疗成本，人工成本，水电及设备运转能耗成本，粪污及废弃物处理成本，物流及办公成本等。其中，饲料成本约占养殖总成本的70%。所以，猪场应发挥科学管理、技术及信息等优势，饲养市场最受欢迎的优良品种，千方百计提高生产效率，降低单位增重的耗料，降低生产成本，从而获取更大的利润。

3. 特色战略优势

这里指的“特色”是广义的，包括产品优势、品种优势、技术优势和产业结构优势等。如产品优势要求提升猪肉的品质，品质不仅指安全肉、放心肉，还指肉的风味、口感是否能更好地满足消费者需求，受到欢迎。品种优势是指与其他一般品种比较，具有突出的特点，如瘦肉率高、产仔多、单位增生耗料少或肉品口感好等。技术优势是指场内饲养管理和防疫等技术方面的优势，如一般猪场母猪年均产 2 胎，若提高到 2.2 胎，则具备竞争优势。产业结构优势是指该企业从单纯的养猪生产发展到产、加、销为一体的综合性产业，甚至发展农牧结合的循环经济等。

总之，只要有正确的生产经营理念，拟定好发展规划，搞好科学管理，充分发挥自身优势，合法经营，规模化养猪业一定能得到健康发展，并取得可观的经济效益。

第十二章　发展规模化养猪典型案例

四川某公司猪场，引入国外配套系猪，由于饲养管理、疫病等多种原因，将猪全部淘汰，遭受惨重损失。之后，企业总结经验，应用现代规模化养猪新理念、先进的科学技术和管理，经短短几年奋斗，建设成全国一流的知名企业。该企业是怎样走过来的？发展过程中采用了那些先进实用技术？怎样做到高效生产管理的？有哪些经验值得学习？这里，作为典型案例剖析，供参考。

一、概况

该场吸取过去养猪“全军覆灭”的失败教训，于 2008 年又重新饲养种猪。由于重视科技，管理规范，因此生产效率高，效益好。2012 年，原种场能繁母猪头平均出栏猪达 23 头，处于国内领先水平。现该公司已发展成大型企业，分别在黑龙江、海南、甘肃、云南、重庆等省市建场 20 个，拥有能繁母猪 34 000 多头，并获“国家农业产业化重点龙头企业”“国家生猪核心育种场”“农业部畜禽标准化示范场”等授牌。

二、优良品种的引进及选育

该场一次性从加拿大引进长白、约克夏、杜洛克种猪 866 头，含 19 个血缘，其规模大，血缘丰富，遗传基因较好。为了避免近亲，扩大优良基因遗传资源，不断从国外批量引进冻精配种，先后引进冻精2万多支，所以能始终保持该公司核心群猪拥有丰富的、优质高产的种猪血缘。

该公司邀请国内外知名专家作顾问以及技术指导，根据现代育种理论，强化种猪测定及选育工作，并结合国内生产实际需要，重视猪的肢体选择，选育进展显著，种猪品质受到业界欢迎。该公司已在国内生猪主产省区，分别设置核心场、扩繁场、生产场，形成较完善的繁育生产体系，以期更有序地快速发展。

三、严格防疫措施，确保生物安全

1. 合理分区布局，实施全进全出

猪场分外勤、内勤、生产、粪污处理区，各区之间均设置相应的消毒设施与操作程序，层层把关，尽可能切断疾病的可能传染途径。

生产区内按生产流程又分为繁殖区、保育区及生长育肥区，由于采用同期发情技术，实现了每批猪有序全进全出，每出一批猪后，经彻底消毒方可进下一批猪。

2. 人员、车辆消毒

人员及车辆必须按照猪场的消毒程序及通过相应的消毒设施进行严格的消毒。这里值得一提的是生产区场内人员由于处在封闭区，不自由，生活较单调，应考虑文娱生活，该猪场内设宽带网、运动场、文娱室、图书室，鼓励年轻夫妻同场工作，并搞好伙食、环境卫生，这是稳定员工的重要因素。

3. 饲料及其他物品消毒

运来的袋装饲料，在仓库内密封的饲料间经熏蒸消毒

12 小时后方可启用；猪肉场内自给，外来食品、蔬菜经臭氧或对人体无害的洗洁剂消毒后方可入场；个人物品限眼镜、手机等贵重物品，经酒精或紫外线照射消毒后可带入。

4. 免疫

制定和严格实施免疫注射程序，每个月对存栏猪抽样检测抗体，必须达标。

四、科学饲养

饲料由公司配方、监督专业厂家生产。分哺乳、保育（2 阶段）、生长育肥（前期 2 阶段、后期 2 阶段）共 7 阶段饲养，每阶段提供专用饲料，可有效降低成本。种母猪按测定的背膘厚度不同，供给不同量的饲料，保持最佳体况。

五、营造良好环境

猪舍建筑全密封，自动控温、通气，减少氨气等有害气体浓度；哺乳仔猪用保温箱；保育猪采用地暖。用“水泡粪”方式贮排粪尿，保持地面干燥，减少人为干扰。

六、建立高效管理体系

1. 编制手册，规范管理

场内编制了各类猪生产、饲料饲养、疫病防控、实验室操作，以及后勤、行政、人事等技术管理手册，做到岗位明确、分工细致，责任落实到人。

2. 数据准确，日清日结

场内猪只转群、出生死亡、出栏流动性大，该猪场做到每日准确统计猪只、饲料、防疫等重要数据，输入电脑，通过软件处理，在动态化数据平台上一目了然，有利于准确决策。

3. 绩效管理

猪场员工收入由基本工资、岗位工资、计件工资、绩效工资4部分组成。其中绩效工资以奖励方式兑现，幅度大，分量重，包括生物安全奖（防疫、发病率）、生产效率奖（生产指标）、生产效益奖（头均母猪生产的出栏数）、销售效率奖（头均销售利润）、管理绩效奖（头均母猪综合效率）、利润提成奖（头均净利润及总利润）几部分组成，各岗位员工对号入位，通过日报表及点击平台信息，能随时详知应得，真正做到了奖勤罚懒、多劳多得，极大地调动了员工的积极性。

4. 科技培训与人才培养

猪场每年按计划请场内、外专家，分类给场内员工培训，传授基本技能，普及、更新专业知识。制定了人才培养计划，设置梯度，如技术员、后备车间组长、车间组长、后备畜牧（兽医）师、畜牧（兽医）师、后备场长、场长等，经培训、考试、生产实践、民主评议，分批晋升上岗，激励员工好学上进，有奋进目标，有利储备人才，提高猪场总体科技水平。

5. 控制成本，杜绝浪费

养猪最大的直接成本包括饲料、兽药及人力成本，其次还包括生物安全、生产效率等隐性成本。该猪场采用有力措施控制成本，例如，饲料由公司统一供给，尽量减少运输、仓储及饲养过程中的浪费；药物由公司向外招标，统一采购，保证质量，并力求兽医准确诊断，用药恰当等。

此外，通过系列的管理措施减少隐性成本，将所有成本核算分解到各部门、各岗位、各员工，纳入绩效管理，所以受到全体员工的重视。